AF290315

Peter Jäger

Metrologie
Fun und Facts

Wissenswertes, Kurioses und Funfacts um Messtechnik und Kalibrierung

Bibliographische Information der Deutschen Nationalbibliothek:
Die Deutsche Nationalbibliothek verzeichnet diese Publikation
In der Deutschen Nationalbibliographie; detaillierte bibliographische
Daten sind im Internet über http://dnb.dnb.de abrufbar.

© 2023, Peter Jäger
p.jaeger.metrologie@web.de
Herstellung und Verlag:
BoD – Books on Demand, Norderstedt

ISBN: 9783746064932

Inhaltsverzeichnis

Inhaltsverzeichnis

Inhaltsverzeichnis

Inhaltsverzeichnis

Persönliches Vorwort

Ich bin Metrologe.
Metrologen sind Menschen, die Messtechnik und Kalibrierung zu ihrem Beruf gemacht haben und alles ganz, ganz genau nehmen und präzise machen (fragen Sie mal meine Frau ....).

Bitte verwechselt das nicht mit Meteorologen – das sind die „Wetterfrösche". Wenn Metrologen das Wetter vorhersagen würden, würde es selbstverständlich und mit einer erweiterten Unsicherheit und Wahrscheinlichkeit von 95% stimmen!

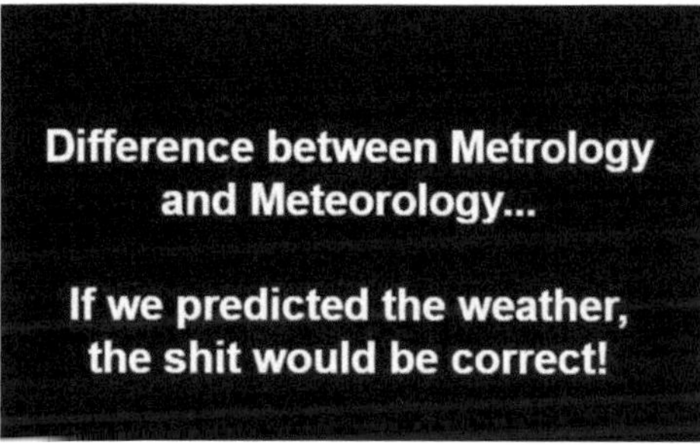

Ich arbeite einer großen, international operierenden Firma, die industrielle Messtechnik herstellt.

Messtechnik – das hört sich erst einmal langweilig an. Doch wer mit offenen Augen die Welt ansieht, der kann gar nicht anders, als Messtechnik spannend zu finden. Schließlich gibt es ständig und überall Berührungspunkte.

Die Welt der Messtechnik umfasst spannende Messsysteme aller Art – so auch zum Beispiel Crashtest-Dummys – so wie der kleine Kerl im Foto rechts.

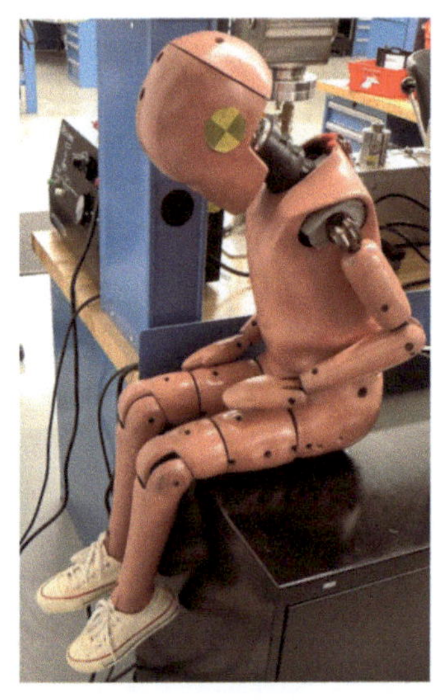

Auch wenn er ein wenig traurig aussieht – wir Techniker kümmern uns rührend um ihn - schließlich ist auch er voll mit Sensoren und Messtechnik!

Messtechnik fängt mit dem Aufstehen an: der Zeitmesser (umgangssprachlich auch Wecker genannt) hat uns pünktlich (?) geweckt, die Badezimmerwaage sagt uns wenig später das Gewicht (das kann doch nicht stimmen, oder?).

Ok, nicht alle diese Informationen werden als angenehm empfunden … da ist schon wichtiger, dass der to-go- Kaffeebecher auch die Menge enthält, die bezahlt wird. Schnell auf dem Weg zum Büro noch tanken – doch entspricht ist die abgegebene Menge Sprit wirklich der Menge der Anzeige? Die Kartoffeln auf dem Markt sollen massemäßig natürlich stimmen, unsere Termine tagsüber sollen pünktlich sein – ebenso wie Bus und Bahn.

Abends erwarten wir, dass das Getränk in der Gaststätte den „Eichstrich" (offiziell Füllstrich genannt) des Glases erreicht, ….

Und bei einem gemeinsamen Abendessen (mit ordnungsgemäß gefüllten Gläsern) mit meinem Chef Thomas R. und dem Chef-Chef Oliver B. entstand die Idee, auch die lustige, kuriose oder spannende Seite von Messtechnik einmal aufzuschreiben – dieses Buch entstand ….

2019: das neue Einheitensystem

Wir alle haben es wohl mal gelernt: Alle Messungen und Messgrößen sind auf die nur sieben Basisgrößen des internationalen Einheitensystems SI (System International) zurückführbar.

Diese Basisgrößen sind
- Länge
- Masse
- Zeit
- Elektrischer Strom
- Thermodynamische Temperatur
- Stoffmenge
- Lichtstärke

In vielen Köpfen steckt vielleicht auch noch die Information, dass in Paris das Urmeter liegt und das Urkilogramm aufgehoben wird.

Aber das ist Geschichte:
Zwischen November 2018 und Mai 2019 - also nur sehr wenige Jahre zurück - geschah fast unbemerkt von der Öffentlichkeit und von Messungen im Alltag etwas Großartiges: Am 16. November 2018 beschließt die Internationale Konferenz für Maße und Gewichte eine grundlegende Änderung des Internationalen Einheitensystems (SI).

Nach einer kurzen Übergangsfrist von nur wenigen Monaten werden nicht mehr 7 Basiseinheiten das Fundament alles Messens bilden, sondern 7 Naturkonstanten.

Die Änderungen traten am 20. Mai 2019 in Kraft nach dem auch das Kilogramm durch eine Konstante ersetzt werden konnte.
Aber was war falsch am Urkilogramm, welches seit 1889 als Prototyp verwahrt wurde und von dem praktisch jede Industrienation eine nationale Kopie besaß?

Wie alle Messgrößen werden diese Primärnormale regelmäßig mit einander verglichen. Im Laufe der Zeit ergaben die Vergleichsmessungen jedoch, dass die Kopien schwerer wurden als das Urkilogramm. Die letzten Vergleiche zeigten, dass die Differenz auf 50 µg (0,000 05 Gramm) angewachsen war,

Obwohl dies sehr wenig erscheint, ist dies eine riesige Menge – je nach Standpunkt und Anwendung. In der Medizin zum Beispiel entspricht 50 µg der Masse eines Wirkstoffs in einem handelsüblichen Medikament z.B. für Schilddrüsenerkrankungen.

Es ist recht unwahrscheinlich, dass sich die Masse des Internationalen Kilogrammprototyps in den 130 Jahren seiner „Regentschaft" nicht verändert hat.

Dennoch: Per Definition war die Masse dieses Metallstücks 1 kg. Auch wenn es statistisch gesehen unwahrscheinlich ist, so ist eine Konsequenz dieser Definition, dass die Masse fast aller weltweit verteilten Kopien über die Jahre größer geworden ist. Deutlich wahrscheinlicher erscheint es, dass das Urkilogramm an Masse verloren hat. Aber man kann es nicht messen oder nachvollziehen und kennt vor allem die Ursachen nicht. Die Frage „Was war los mit dem Urkilogramm?" muss dementsprechend wahrheitsgetreu beantwortet werden mit „keine Ahnung". Dies ist aus wissenschaftlicher und messtechnischer Sicht eine sehr missliche Situation und deshalb war klar: Es muss eine neue Definition für das Kilogramm geben.

Definierende Naturkonstanten

Seit dem 20. Mai 2019 bilden sieben Naturkonstanten die Grundlage des neuen Internationalen Einheitensystems SI und damit auch die Grundlage für international vergleichbares Messen:

- Frequenz des Hyperfeinstrukturübergangs des Grundzustands im 133Cs-Atom
  Δv = 9 192 631 770 s–1
- Lichtgeschwindigkeit im Vakuum
  c = 299 792 458 m s–1
- Planck-Konstante
  h = 6,626 070 15 · 10–34 J s)
- Elementarladung
  e = 1,602 176 634 · 10–19 C (C = A s)
- Boltzmann-Konstante
  k = 1,380 649 · 10–23 J K–1
- Avogadro-Konstante
  NA = 6,022 140 76 · 1023 mol–1
- Photometrisches Strahlungsäquivalent
  Kcd = 683 cd sr W-1

Ziel war schon lange, keine Artefakte zu nehmen, um die Einheit zu definieren, sondern eine Naturkonstante.

Dieses Ziel wurde Ende 2019 erstmals erreicht. Alle physikalischen Größen sind in einem System von Dimensionen organisiert. Jede der sieben Basisgrößen des SI hat ihre eigene Dimension, die symbolisch durch einen einzigen Großbuchstaben in aufrechter (nicht kursiver) Grundschrift ohne Serife, dargestellt werden.

- Zeit: Sekunde (s)
  $1\,s = 9\,192\,631\,770/\Delta v$
- Länge: Meter (m)
  $1\,m = (c/299\,792\,458)\,s$
  $= 30{,}663\,318\ldots\,c/\Delta v$
- Masse: Kilogramm (kg)
  $1\,kg = (h/6{,}626\,070\,15 \cdot 10{-}34)\,m{-}2\,s$
  $= 1{,}475\,521\ldots \cdot 1040\,h\,\Delta v/c2$
- Strom: Ampere (A)
  $1A = e/(1{,}602\,176\,634 \cdot 10{-}19)\,s{-}1$
  $= 6{,}789\,686\ldots \cdot 108\,\Delta v\,e$
- Thermodynamische Temperatur: Kelvin (K)
  $1K = (1{,}380\,649 \cdot 10{-}23/k)\,kg\,m2\,s{-}2$
  $= 2{,}266\,665\ldots\,\Delta v\,h/k$
- Stoffmenge: Mol (mol)
  $1\,mol = 6{,}022\,140\,76 \cdot 1023/NA$
- Lichtstärke: Candela (cd)
  $1\,cd = (Kcd/683)\,kg\,m2\,s{-}3\,sr{-}1$
  $= 2{,}614\,830\ldots \cdot 1010\,(\Delta v)2\,h\,Kcd$

Das Internationale Einheitensystem (SI) wird von nahezu 100 Staaten mitgetragen. Jetzt erhält das SI eine grundlegende Auffrischung, sodass es allen wissenschaftlichen und technischen Herausforderungen des 21. Jahrhunderts gelassen entgegensehen kann.

Naturkonstanten wie die Lichtgeschwindigkeit oder die Ladung des Elektrons werden den Einheiten die bestmögliche Definitionsgrundlage liefern.
Schon Max Planck brachte im Jahr 1900, als er sein Strahlungsgesetz formulierte, „Constanten" und die Idee „natürlicher Maßeinheiten" ins Spiel, gültig für „alle Zeiten und für alle, auch außerirdische und außermenschliche Culturen".

Alle anderen als die zuvor dargestellten Größen sind abgeleitete Größen. Sie können durch die Basisgrößen mittels physikalischer Gleichungen ausgedrückt werden. Ihre Dimensionen werden als Produkt von Potenzen der Dimensionen der Basisgrößen anhand der Gleichungen dargestellt, die die abgeleiteten Größen mit den Basisgrößen verknüpfen.

Diese Basiseinheiten, die durch die Physikalisch-Technische Bundesanstalt aufbewahrt, gepflegt und weitergegeben werden, sind natürlich kein Selbstzweck. Sie sind die Grundlage für das gesetzliche Messwesen in der Bundesrepublik Deutschland.

Alle Messungen, die im Warenverkehr, im Gesundheitswesen, in kritischen technischen Anwendungen und weiteren Bereichen qualitäts- oder quantitätsrelevant gemacht werden, werden in Deutschland durch verschiedene gesetzliche oder qualitätsrelevante Vorgaben auf diese Basiseinheiten bei der Physikalisch-Technischen Bundesanstalt PTB zurückgeführt.

Es werde – Licht: das Lumen

Während die meisten Messgrößen auch im Alltag bekannt sind, können Stoffmenge und Lichtstärke eher weniger zugeordnet werden.

Aber genau hier kann die Bedeutung der Messtechnik und die Einflüsse auf den Umgang im Alltag verdeutlicht werden: Kaufte man bisher Leuchtmittel, waren dies eine Glühlampe oder Halogenlampe. Die Angabe der Leistungsaufnahme („Wattzahl") wurde in den Köpfen der Käufer mit einer zu erwartenden Helligkeit gleichgesetzt.

Erst mit der Marktfähigkeit moderner LED-Leuchten funktioniert diese Zuordnung nicht mehr.

Die Leuchtmittelhersteller geben nun vielmehr die Lichtstärke ihres Produktes – zumeist in Lumen – an.

Lampen-typ	180-300 Lumen	300-500 Lumen	500-800 Lumen	700-1055 Lumen	1000-1700 Lumen
Glühlampe	25-30 Watt	40 Watt	60 Watt	75 Watt	120 Watt
Halogen	18-25 Watt	35 Watt	50 Watt	65 Watt	100 Watt
LED	2-4 Watt	3-5 Watt	5-7 Watt	8-10 Watt	10-13 Watt

Eine Dimension, die für viele Menschen kaum vorstellbar oder fassbar war, erlangt langsam „Gesicht", man kann sich unter einer Lumenangabe etwas vorstellen und Produkte miteinander vergleichen.

Massverkörperungen

Der ägyptische „Cubit"

So oder sehr ähnlich fing alles an: Der ägyptische cubit – oder Elle - ist ein antikes Längenmaß. Während die gewöhnliche Elle der Länge des Unterarms vom Ellbogen bis zur Spitze des Mittelfingers entsprach - in der Regel etwa 45,7 cm -, war die "königliche Elle" etwas länger: Eine gewöhnliche Elle plus die Breite der Handfläche des damals herrschenden Pharaos.

Der einzelne königliche Ellenmeister (Primärstandard) war ein aus einem schwarzen Granitblock gehauener Stab.

Gefundene Ellenstäbe sind zwischen 52,2 und 52,9 cm lang. Den Arbeitern wurden damals Kopien zur Verfügung gestellt - Ellenstäbe aus Holz oder Granit. Der königliche Architekt oder Vorarbeiter jeder Baustelle war für die Einhaltung der Genauigkeit dieser Stäbe verantwortlich.

Bei jedem Vollmond mussten die Ellenstöcke zum königlichen Ellenmeister gebracht und mit ihm verglichen werden.

Die Nichteinhaltung dieser Vorschrift wurde mit dem Tod bestraft. Durch diese Standardisierung und Gleichförmigkeit der Länge wurde eine erstaunliche Genauigkeit erreicht.

Die Große Pyramide von Gizeh wurde beispielsweise mit einer Seitenlänge von 440 Ellen (230,364 Meter) gebaut. Bei der Verwendung von Ellenstäben lagen die Baumeister innerhalb von 11,4 cm - eine Genauigkeit von mehr als 0,05 %.

Die ägyptische Elle prägte vor über 4000 Jahren die ersten grundlegenden Ideen der modernen Kalibrierung und brachte eine gemeinsame Maßeinheit, Rückverfolgbarkeit, eine Hierarchie von Normalen mit regelmäßigen Rekalibrierungsintervallen mit sich.

Banana for Scale

Bis heute, also etwa 4.000 Jahre später, konnte sich die Menschheit noch nicht von Objekten zur Skalierung lösen. Im Gegensatz zur weit entwickelten Technik der Ägypter ist ein Trend der Neuzeit, Bananen als Maßstab zu nutzen.

Googeln Sie mal: sie werden unzählige Beispiel finden.

Aber wie kam es zu dieser merkwürdigen Maßverkörperung oder: „Wie die Banane als Maßstab zum Maßstab des Internets wurde

Sie ist das universelle Mittel, um zu zeigen, wie groß andere Objekte sind. Aber warum?

Der Schauspieler Tom Hanks soll im Jahr 2013 eine Bar betreten haben. Während jeder normale Mensch nach dem nächstbesten Gegenstand in seiner Nähe gegriffen hätte, um den Star unterschreiben zu lassen, eilte sich ein Reddit-Nutzer, eine Banane zu kaufen.

Er ging zurück in die Bar und sagte Tom Hanks, dass er einen wirklich peinlichen Fotowunsch hätte: Tom Hanks, für seinen Humor bekannt, war sofort bereit, diesen Wunsch zu erfüllen.

Peinliche Fotos sind für Hanks nichts Neues. Aber was hatte es mit der Banane auf sich? Und warum sind Menschen (für Abbildungen im Internet) scheinbar davon besessen, sie als Maßeinheit zu verwenden?

Die Geschichte beginnt im August 2010 mit einem Vater namens Andy Herald.

Er hatte gerade einen 60 Jahre alten Safe ausgegraben, den er von seinen Großeltern geschenkt bekommen hatte. Er besaß zwei Zifferblätter mit 169 verschiedenen Kombinationsmöglichkeiten. Herald teilte seinen Tresor auf Facebook mit einer daneben stehenden Banane als Maßstab.

"Freunde haben sich über den Größenvergleich mit der Banane genauso lustig gemacht wie über das Rätsel des Safes", schreibt Herald später in einem Blog.

In dem Safe befanden sich 5,35 Dollar. Zwei Jahre später ließ Herald diesen enttäuschenden Moment mit einer Infografik im Internet wieder aufleben:

Dort wurde diese Darstellung aufgegriffen und weitergeführt. Seit August 2012 tauchen Bananen in allen möglichen Bildern auf, und "banana for scale" (Banane als Maßstab) ist in den Google-Trends ganz oben.

Die "Banane als Maßstab" war nicht nur ein Meme geworden. Es ist zu einem lustigen Spiel geworden, bei dem die Autoren (z.B. bei ebay und anderen Plattformen) versuchen, sich gegenseitig zu übertrumpfen.

Amerika und das metrische System

Wie Piraten den Amerikanern das Meter gestohlen haben

Über 230 Jahre ist es her, dass britische Piraten den Amerikanern das metrische System geraubt haben.

Man fragt sich doch wie es sein kann, dass die größte Volkswirtschaft der Welt bei der Retro-Messung mit dem „Imperial-System" hängen blieb?

Im Jahr 1793 segelte der französische Wissenschaftler Joseph Dombey im Auftrag von Thomas Jefferson in die neu gegründeten Vereinigten Staaten und hatte zwei Gegenstände dabei, die Amerika hätten verändern können. Jefferson war begeistert von der Rationalität des metrischen Systems

Der erste Gegenstand, ein Metallzylinder, wog genau ein Kilogramm. Das zweite war ein Kupferstab mit der Länge eines neu vorgeschlagenen Entfernungsmaßes, des Meters.

Dombeys Schiff kam vom Kurs ab, wurde von englischen Freibeuter (Piraten mit staatlicher Genehmigung) gekapert - der Wissenschaftler starb auf der Insel Montserrat, während er auf sein Lösegeld wartete.

Und so ist Amerika eines der wenigen Länder weltweit, die das „Imperial System" mit Pfund, Füssen, Unzen, Pints und Tassen als Maßeinheit zu verwenden beibehält.

Der Zylinder und der Stab, die Dombey bei sich trug - ersterer ist heute im Besitz des US National Institute of Standards and Technology - wurden von Jefferson angefordert, weil das britische System völlig irrational war.

Als sich das Vereinigte Königreich auf dem amerikanischen Kontinent niederließ, brachte es eine verfälschte Version von Gewichten, Maßen und Währungen mit. Ein schottisches Pint zum Beispiel war bis 1824 fast dreimal so groß wie das englische Pendant, was Bände über die Trinkkultur nördlich der Grenze spricht.

Die britischen Maße wurden zunächst in den britischen Kolonien vereinheitlicht, aber es war ein seltsames System, das römische, fränkische und offen gesagt bizarre Zusätze enthielt. Bis 1971 bestand ein Pfund im Vereinigten Königreich aus 240 Pence, wobei 12 Pence auf einen Shilling und 20 Shillings auf ein Pfund entfielen.

Um die Dinge noch verwirrender zu machen, führten die einzelnen Siedlungen ihre eigenen lokalen Gewichte und Maße ein. Ab 1700 übernahm Pennsylvania die Kontrolle über seine eigenen Maße, und andere Gebiete folgten bald. Dieser Mischmasch aus Münzen, Entfernungen und Gewichten hielt das Land jedoch zurück, und Jefferson erzielte seinen ersten Erfolg mit der Einführung eines Dezimalsystems für den Dollar.

So verkündete er "Ich bezweifle, dass ein gemeinsames Maß von praktischerer Größe als der Dollar vorgeschlagen werden kann. Der Wert von 100, 1.000, 10.000 Dollar wird vom Verstand gut eingeschätzt, ebenso der eines Zehntels oder Hundertstels eines Dollars. Nur wenige Transaktionen liegen über oder unter diesen Grenzen".

Jefferson wollte etwas Neues, etwas Rationaleres, und er war nicht allein. In der allerersten Rede zur Lage der Nation im Jahr 1790 bemerkte George Washington: "Die Einheitlichkeit der Währung, der Gewichte und der Maße in den Vereinigten Staaten ist ein Gegenstand von großer Bedeutung und wird, davon bin ich überzeugt, gebührend beachtet werden."

US Kocheinheiten

Kurios sind dann auch die US- „Koch-"einheiten:

Einheit	Deutsch	Abk.	Liter (US)
saltspoon	Salzlöffel	ssp.	1,23 ml
teaspoon	Teelöffel	tsp.	4,44 ml
dessertspoon		dsp.	8,88 ml
tablespoon	Esslöffel	tbsp.	1,78 cl
tea cup	Teetasse	tc.	1,89 cl
cup	Tasse	c., cu.	0,284 cl

In vielen Rezepten findet man eine Mengenangabe wie z.B. 1/4 Cup oder ½ teespoon (tsp) oder auch tablespoon (tbsp). Wie misst so eine Menge ab? Dazu gibt es in den Supermärkten eine Vielfalt von Hilfsmitteln wie diese einstellbare Lehre für teespoon und tablespoon:

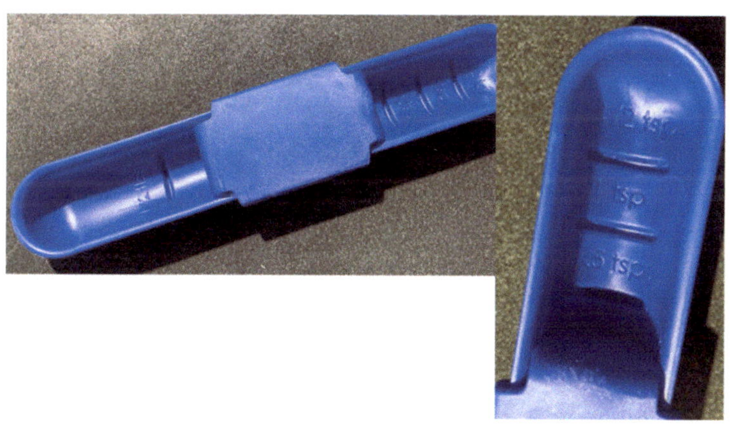

US Einheitenkuriositäten

Diese Sammlung kurioser – aber noch immer gebräuchlicher US Einheiten sollte in diesem Buch nicht fehlen – ohne Anspruch auf Vollständigkeit und nach „Kuriositätsfaktor" ausgewählt:

Witzig sind auch die Namen amerikanischer Getreidemasse:

Einheit	Deutsch	Abk.	Masse
Bushel (corn)	Scheffel (Mais)	Bu	25,4 kg (15,5% rel.h.)
Bushel (rye)	Scheffel (Roggen)	Bu	25,4 kg (14% rel.h.)
Bushel (wheat)	Scheffel (Weizen)	Bu	27,2 kg (13,5% rel.h.)

Die Mondlandung

Fragt man einen Amerikaner, so wird gern als Universalargument genutzt:
„ … die Welt nutzt das metrische System – aber wir haben Menschen auf den Mond gebracht" .

Leider beruht dieses „Totschlagargument" auf allgemeiner Unwissenheit:

Entgegen der landläufigen Meinung hat die NASA bei den Apollo-Mondlandungen das metrische System verwendet.
SI-Einheiten wurden für den wohl kritischsten Teil der Missionen verwendet - die Berechnungen, die der an Bord befindliche Apollo Guidance Computer (AGC) der Mondlandefähre während der computergesteuerten Phasen des Abstiegs auf die Mondoberfläche durchführte, und für die Reise der Aufstiegsstufe des Raumschiffs während der Rückkehr in die Mondumlaufbahn, wo es ein Rendezvous mit der Kommando- und Servicestation (CSM) haben sollte.

Wie im Vereinigten Königreich bei der Straßenbeschilderung wird auch in den USA die Verwendung metrischer Einheiten oft vor der Öffentlichkeit verborgen. Der Apollo Guidance Computer ist ein gutes Beispiel dafür. Die Anzeige des Computers erfolgte in Fuß, Fuß pro Sekunde und Seemeilen - Einheiten, die den Apollo-Astronauten, die zumeist als Jetpiloten ausgebildet waren, vertraut waren. Intern verwendete die Computersoftware jedoch SI-Einheiten für alle Navigations- und Lenkungsberechnungen im Motorflug, und Werte wie Höhe und Höhenrate wurden nur dann in imperiale Einheiten umgerechnet, wenn sie auf dem Computerdisplay angezeigt werden mussten.

Das NIST und das metrische System

Schwer tut sich auch das National Institute of Standards and Technology der USA, einem weltweit anerkannten Institut und höchste metrologische Kompetenz der USA, das metrische System einzuführen.

Man arbeitet seit Jahren an der „Metrication":
Metrification oder deutsch Metrifizierung ist ein Begriff, der die Umstellung von den herkömmlichen Maßeinheiten auf das Internationale Einheitensystem (SI), allgemein bekannt als metrisches System, beschreibt.

In der Vergangenheit gab es zwei Hauptansätze für die Umsetzung von Änderungen:
- von oben nach unten (obligatorisch) oder
- vom Markt gesteuert (freiwillig).

Bei einem Top-Down-Ansatz fallen die Kosten für eine Organisation im Voraus an; die Vorteile kommen erst später zum Tragen. Bei einem marktgesteuerten Ansatz werden die Kosten im Vorfeld minimiert, indem sie in den normalen Betrieb und die Budgets integriert werden. Der langfristige Prozess birgt ein großes Risiko: Die gleichzeitige Arbeit mit mehreren Messsystemen kann zu Fehlern und Ineffizienzen führen.

Das Metrikprogramm des NIST koordiniert die Aktivitäten zur Umstellung auf das metrische System gemäß dem Metric Conversion Act, einschließlich der Umstellung aller Bundesbehörden (Executive Order 12770). Die metrische Gesetzgebung und Politik der USA ermächtigt den Handelsminister, die Umstellung der Bundesbehörden auf das metrische System zu leiten und zu koordinieren sowie die Fortschritte zu bewerten. Die Bundesbehörden führen formale Richtlinien und Pläne für die Verwendung des SI (metrisches System) ein und berichten über die Fortschritte bei der Umstellung. Die Verwendung des SI in Programmen der Bundesbehörden, die sich auf Handel, Industrie und Gewerbe beziehen, soll die freiwillige Übernahme des SI durch die Industrie unterstützen.

Die Interstate 265 bei Louisville

Wenn Sie auf der I-265 fahren, sehen Sie kurz hinter dem Ford-Werk ein Schild mit der Aufschrift: "Ausfahrt 35, Cincinnati 1,2 Kilometer".

In Klammern steht auch ein englisches Maß. Die Ausfahrt ist eine dreiviertel Meile entfernt - aber auf einem ganzen Abschnitt der Interstate in Louisville wird das metrische System als primäre Maßeinheit verwendet.

Die Geschichte dahinter beginnt in den späten 1960er Jahren. Die Technik boomte, die Wissenschaft machte große Fortschritte, und in dieser Zeit drängten einige Vertreter der amerikanischen Regierung und der Wissenschaft darauf, zum metrischen System überzugehen um den globalen Handel und den Austausch neuer Ideen erleichtern würde.

Im Laufe des nächsten Jahrzehnts bewegte sich die US-Regierung langsam auf die Umstellung zu.

Im Jahr 1975 unterzeichnete Präsident Gerald Ford den Metric Conversion Act, der das metrische System zum bevorzugten System von Gewichten und Maßen für den Handel der Vereinigten Staaten erklärte.

Um es klar zu sagen: Das Gesetz hat eigentlich nichts bewirkt; Präsident Ford betonte, dass die Umstellung völlig freiwillig war.

1977 ernannte der Gouverneur von Kentucky, Julian M. Carroll, eine Arbeitsgruppe, die sicherstellen sollte, dass das metrische System bis 1980 das vorherrschende Messsystem in den Schulen des Bundesstaates sein würde.
Doch dazu kam es nicht. Die meisten Menschen maßen ihr Leben weiterhin in Zoll, Meilen und Gallonen.

Bis in die 1990er Jahre.
Zu dieser Zeit planten einige Regierungsbchörden, darunter das Verkehrsministerium, bis zum Jahr 2000 metrische Einheiten vorzuschreiben.

Dies wurde schließlich durch den Transportation Equity Act von 1998 gestrichen.
Zu dieser Zeit waren die Schilder auf der I-265 für den Austausch vorgesehen. Das Verkehrskabinett von Kentucky entschied sich dafür, die Kilometerzahl in

metrischen Einheiten anzugeben, da der Staat bald auf dieses System umstellen würde.

Da es aber später kein Bundesmandat gibt, wurde beschlossen, dass Kentucky beim englischen Maßsystem bleibt.

Da die Schilder in der Herstellung sehr teuer sind, hat sich das Verkehrsministerium dafür entschieden, sie an Ort und Stelle zu belassen, da sie auch englische Einheiten enthalten.

Nach
https://www.lpm.org/news/2019-06-14/curious-louisville-why-is-a-stretch-of-louisville-highway-measured-in-kilometers

Canada und irgendein System

Gefangen zwischen imperischen und metrischem System

Amerikas Nachbar Canada hat es besonders schwer. Während man gern sehr weltoffen und europäisch gibt, wird doch am British Empire einerseits und am Nachbarn Amerika festgehalten.
So gibt es einen Mischmach von Einheiten:

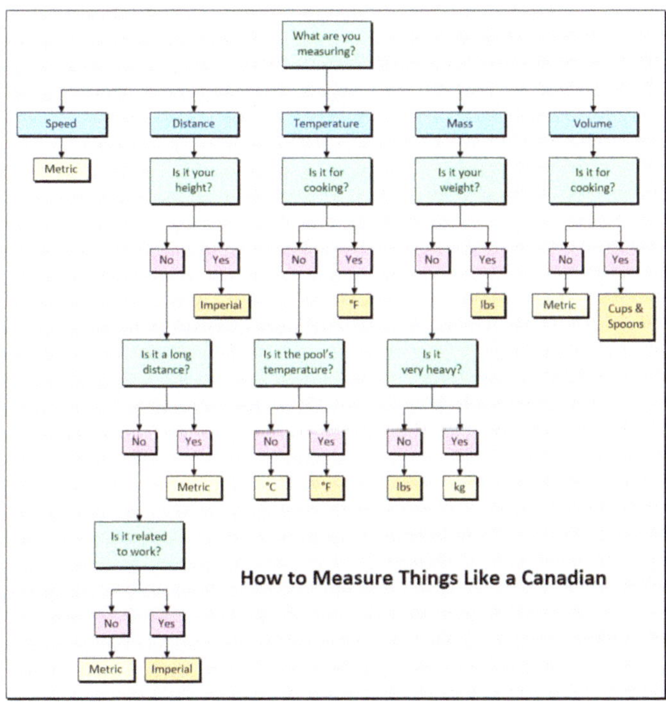

Während die Geschwindigkeit (wie in der EU) in Kilometer pro Stunde (km/h) gemessen wird, muss bei Entfernungsangaben differenziert werden:

- die Körperhöhe wird im Imperalsystem angegeben
- lange Entfernungen in Kilometern, also metrisch
- kurze Längen werden im Berufsleben im Imperialsystem angegeben,
- im Privatleben wird das metrische System verwendet.

Ähnlich sieht es bei Temperatur aus:

- beim Kochen wird das Fahrenheit verwendet,
- ebenso die Pooltemperatur
- alle anderen Angaben erfolgen Grad Celsius

Auch bei Masse-Angaben macht man es sich nicht einfach:

- das Körpergewicht wird in Pfund (lbS9 angegeben
- kleine Massen (im Sinne von „nicht schwer) ebenfalls im Imperialsystem
- große Massen („schwer") in Kg

Grafik: Internetfund

Kurioses und Wissenswertes

Die Erde dreht sich – zu schnell!

Jeder Tag auf der Erde besteht aus 86.400 Sekunden, aber das ist nicht immer der Fall. Manchmal nimmt die Geschwindigkeit im Laufe eines Jahres zu oder ab, was dazu führt, dass ein oder zwei Sekunden mehr oder weniger hinzugefügt werden.

Dies wird von verschiedenen Faktoren beeinflusst – dem Kern des Planeten, den Ozeanen, der Anziehungskraft des Mondes sowie der Atmosphäre. Um die Zeit genau zu messen, verwendeten die Wissenschaftler Atomuhren, die die Zeit basierend darauf hielten, wie Elektronen in Cäsiumatomen von einem hochenergetischen, angeregten Zustand wieder in den Normalzustand zurückfallen. Atomuhren werden nicht wie normale Uhren von externen Veränderungen wie Temperaturverschiebungen beeinflusst.

Im Laufe der Jahre stellten die Wissenschaftler jedoch fest, dass selbst die genauesten Atomuhren von der tatsächlichen Zeit abweichen, die die Erde benötigte, um die Rotation abzuschließen.

Laut Judah Levine, einem Physiker in der Zeit- und Frequenzabteilung des National Institute of Standards and Technology (NIST, dem nationalen Institut der USA), beschlossen die Wissenschaftler 1972,

Atomuhren Schaltsekunden hinzuzufügen, um zu verhindern, dass dieser Unterschied zu groß wird.

Sie funktionieren ähnlich wie Schalttage – sie werden alle vier Jahre bis zum Ende des Monats Februar verschoben, um den Unterschied auszugleichen, dass die Erde 365,25 Tage braucht, um eine Umdrehung abzuschließen. Schaltjahre sind jedoch unberechenbar.

Das Timing wird vom International Earth Rotation and Reference Systems Service beobachtet. Sie tun dies, indem sie neben anderen Methoden Laserstrahlen an Satelliten senden, um ihre Bewegungen zu messen. Wenn sie den Unterschied einer Sekunde „Off-Sync" spüren, stoppen Wissenschaftler auf der ganzen Welt die Atomuhren am 30. Juni eine Schaltsekunde lang.

Alle paar Jahre kommen Schaltsekunden hinzu. Leider waren sie aufgrund der ziemlich unregelmäßigen Rotation unseres Planeten mit unvorhersehbarer Verlangsamung oder Beschleunigung nicht so regelmäßig.

Im Laufe der Jahre hat sich die Rotationsverlangsamung der Erde jedoch seit 2016 weiter verlangsamt, ohne wirklich eine Schaltsekunde hinzuzufügen. Außerdem dreht sich unser Planet schneller als in einem halben Jahrhundert und Wissenschaftler haben nicht wirklich eine Erklärung für dieses Phänomen.

Der Wissenschaftler Peter Whibberley des britischen National Physical Laboratory, warnt davor, dass die aktuelle Flugbahn dazu führen könnte, dass eine sogenannte negative Schaltsekunde erforderlich ist, bei der wir eine Sekunde entfernen müssten, anstatt eine zur atomaren Zeitskala hinzuzufügen, um sie wieder zu synchronisieren.

Er fügt hinzu, dass dies nicht so einfach ist wie das Hinzufügen einer Schaltsekunde: „Es gab noch nie eine negative Schaltsekunde und die Sorge ist, dass Software, die noch nie zuvor betriebsbereit getestet wurde, damit umgehen muss."

Die Forscher fügten hinzu, dass die kontinuierliche Natur der Zeit das Rückgrat des Internets ist. Wenn es nicht stabil ist, wird es auseinanderfallen. Das Entfernen oder Hinzufügen auch nur einer Sekunde schaltet das gesamte System aus und verursacht Lücken im reibungslosen Datenfluss.

Selbst in der Finanzindustrie, in der jede Transaktion ihren eigenen Zeitstempel hat, könnte es ein potenzielles Problem geben, wenn sich beispielsweise 23:59:59 Sekunden wiederholen.

Aber er ist der Meinung, dass es keine so große Sache ist, da es insgesamt nur eine Minute über 100 Jahre addieren würde.

Fest und flüssig und gasförmig

Fest und flüssig und gasförmig? Ja, richtig gelesen - UND. Das gibt es, zum Beispiel bei Wasser. Gleichzeitig.

Natürlich nur unter bestimmten Bedingungen – und diese Bedingungen machen es aus, dass dieser Effekt eine große Bedeutung in der Messtechnik hat.

Es gibt tatsächlich Bedingungen, an denen Wasser alle drei Aggregatzustände gleichzeitig annimmt – den so genannten Tripelpunkt.

Der Tripelpunkt (auch Dreiphasenpunkt genannt) ist „ein Zustand eines aus einer einzigen Stoffkomponente (in diesem Fall Wasser H_2O) bestehenden Systems, in dem Temperatur und Druck dreier Phasen in einem thermodynamischen Gleichgewicht stehen."

Die beteiligten Phasen können die drei Aggregatzustände des Stoffes darstellen. An Tripelpunkten können je nach Stoff also eine feste, eine flüssige und eine dampfförmige Phase koexistieren.

Der Tripelpunkt des Wassers ist der Punkt in dem die drei Phasen

* reines flüssiges Wasser
* reines Wassereis
* und Wasserdampf

im Gleichgewicht stehen. Dabei ist der allen drei Phasen <u>gemeinsame Druck</u> gleich dem Sättigungsdampfdruck des reinen Wassers bei der allen drei Phasen <u>gemeinsamen Temperatur</u>.

Dieser Druck beträgt gemäß dem international akzeptierten Bestwert von Guildner, Johnson und Jones 611,657 (± 0,010) Pa , das sind etwa ca. 6 mbar.

Die Tripelpunkttemperatur betrug bis zum 19. Mai 2019 – als definierender Fixpunkt der Temperaturskala – exakt 273,16 K (oder 0,01 °C).[] Seit der Neudefinition der SI-Einheiten 2019 ist die Temperaturskala unabhängig vom Wasser definiert. Trotzdem wird der Wert nach wie vor mit 273,16 K angegeben.

Um diese drei Phasen gleichzeitig zu erreichen, wird das reine Wasser in einem Behälter (etwa in einer Tripelpunktzelle) ins Gleichgewicht gebracht. Der Druck im Behälter ist konstant ca. 6 mbar; der Behälter wird nun herabgekühlt und langsame an die Null-Grad Marke gebracht.

Als einfaches Experiment kann auch diese Darstellung hergenommen werden:

Eine Schale mit Wasser wird in einer Vakuumglocke platziert. Bei einem Druck von etwa 6,1 Millibar und einer Temperatur von 0,01 Grad Celsius sieht man, wie das Wasser gefriert. Gleichzeitig fängt es an einigen Stellen an zu brodeln. Es kocht!

Wie bei allen Phasenübergängen des Wassers wird der Zu- oder Abstrom von Wärme durch entsprechenden Latentwärmeumsatz kompensiert, indem sich das Mengenverhältnis der Phasen durch Schmelz-, Gefrier-, Verdunstungs-, Kondensations- oder Sublimationsvorgänge entsprechend verschiebt. Druck 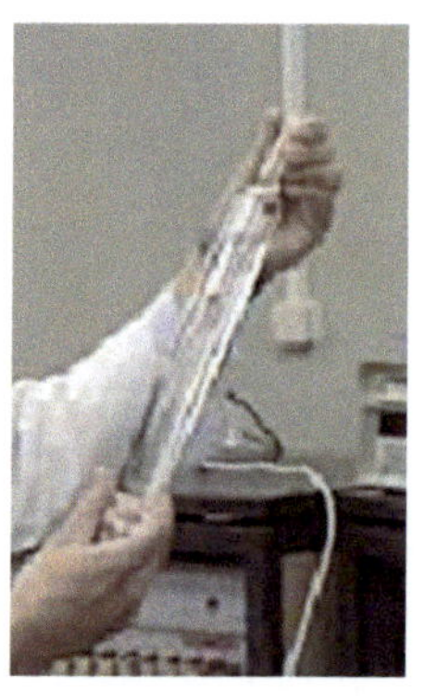 und Temperatur bleiben konstant, bis eine der Phasen aufgezehrt ist

. Wegen dieser Eigenschaft und des genau definierten Tripelpunkts eignet sich eine solche Tripelpunktzelle für Kalibrierzwecke.

Millihelen – Schönheit zählt!

Diese Einheit geht zurück auf die Geschichte des Trojanischen Krieges.

In dieser Maßeinheit geht es um die Frau, die ihn ausgelöst hat, Helena von Troja, deren Schönheit eine Menge Probleme verursachte. Im Grunde verliebte sie sich in einen Trojaner namens Paris, aber das Problem war, dass sie bereits mit einem Mann aus Sparta namens Menelaos verheiratet war. Als sie nach Troja floh, schickten die Spartaner tausend Schiffe, um sie zurückzuholen, und so begann der Trojanische Krieg.

So erzählt es zumindest die Legende. Wie auch immer, ein Millihelen ist die Menge an Schönheit, die erforderlich ist, um ein Schiff zu starten, denn tausend Millihelen wären tausend Schiffe, oder eine Helena, denn ihre Schönheit veranlasste tausend Schiffe, ihr nachzufahren.

Liebe Leser (m): nun heißt es, richtig zu schätzen …

Liebe Leserin (w) …. Ihr wisst schon, es gibt andere Prefixe wie kilo-, Mega- usw.

Nach
https://www.thetoptens.com/list/strangest-units-measurement/

Der Waffle House Index

Waffle-House ist eine Restaurantkette im Süden der USA. Aus mehrfacher eigener Erfahrung: dort gibt es erstklassig amerikanisches Frühstück mit Hashbrowns, Eiern, Bacon, Pancakes und natürlich Waffeln.

Der Süden der USA ist aber bekannterweise auch von vielen Tornados und Stürmen betroffen, die das öffentliche Leben immer wieder lahm legen.

Aus einer besonderen Eigenschaft der Waffle-Houses leitete sich daher der Waffle House Index ab:

Der Waffle-House-Index ist eine informelle Kennzahl, die nach der allgegenwärtigen Restaurantkette Waffle House im Süden der USA benannt ist, die für ihren 24-Stunden-Service an 365 Tagen im Jahr bekannt ist.

Der Begriff wurde von FEMA-Administrator Craig Fugate im Mai 2011 nach dem Tornado in Joplin 2011 geprägt, bei dem die beiden Waffle House-Restaurants in Joplin geöffnet blieben.

Die Maßnahme beruht auf dem Ruf der Restaurantkette Waffle House, auch bei extremen Wetterbedingungen geöffnet zu bleiben und nach sehr schweren Wetterereignissen wie Tornados oder Hurrikans schnell wieder zu öffnen, wenn auch manchmal mit eingeschränkter Speisekarte. Zu den Katastrophenschutzmaßnahmen der Kette gehört die Zusammenstellung und Ausbildung von "Waffle-House-Sprungteams", um die schnelle Wiedereröffnung nach Katastrophen zu erleichtern. Waffle House und andere Ketten (wie Home Depot, Walmart und Lowe's), die einen großen Teil ihrer Geschäfte im Süden der USA tätigen, wo das Risiko von Wirbelstürmen häufig ist, verfügen über ein gutes Risikomanagement und eine gute Katastrophenvorsorge. Aus diesem Grund und aufgrund der Tatsache, dass für Zeiten ohne Strom oder mit eingeschränkten Vorräten eine reduzierte Speisekarte vorbereitet wird, erreicht der Waffle-House-Index selten die rote Stufe.

Der "Waffle House Index" steht neben formelleren Maßstäben für Wind, Niederschlag und anderen Wetterinformationen wie der Saffir-Simpson-Hurrikan-Skala, die zur Angabe der Intensität eines Sturms verwendet wird.

Dan Stoneking, FEMA-Direktor für externe Angelegenheiten, schrieb in einem FEMA-Blogbeitrag:

„Wie Craig oft sagt, sagt uns der Waffle-House-Test nicht nur, wie schnell sich ein Unternehmen erholen könnte - er sagt uns auch, wie es der größeren Gemeinschaft geht. Je schneller Restaurants, Lebensmittelgeschäfte, Tante-Emma-Läden oder Banken wieder öffnen können, desto schneller wird die lokale Wirtschaft wieder Einnahmen generieren - ein Zeichen für einen stärkeren Aufschwung in der jeweiligen Gemeinde. Der Erfolg des privaten Sektors bei der Vorbereitung auf und der Bewältigung von Katastrophen ist entscheidend für die Fähigkeit einer Gemeinde, sich auf lange Sicht zu erholen."

Kurz: wenn das Waffle House geöffnet hat, ist die Katastrophe nicht so schlimm, das Schlimmste ist überstanden und das Leben geht weiter.

Nach
https://en.wikipedia.org/wiki/Waffle_House_Index

Some like it hot – das Scoville

Die Scoville-Skala ist eine Skala zur Abschätzung der Schärfe von Früchten der Paprikapflanze. Auf der Scoville-Skala, die 1912 von dem Pharmakologen Wilbur L. Scoville entwickelt wurde, beruht der Scoville-Test (ursprüngliche Bezeichnung Scoville Organoleptic Test). Zunächst wurde der Schärfegrad indirekt und rein subjektiv ermittelt, heute kann er jedoch auch messtechnisch bestimmt werden. Der Wert ist abhängig vom Anteil des in der getrockneten Frucht enthaltenen Capsaicins, eines Alkaloids, das Schmerzrezeptoren der Schleimhäute reizt und so die Schärfeempfindung auslöst.

Einige Beispiele:

- *Peperoni* liegt bei 100 bis 500 Scoville.

- Das beliebte *Sambal Oelek* liegt zwischen 1000 und 10.000 Scoville.

- *Tabasco* liegt zwischen 2.500 und 5.000 Scoville.

- *Jalapeno* mit einem Wert von 2.500 bis 8.000 wird meist als sehr scharf empfunden, liegt damit aber immer noch weit hinter der

- *Thai-Chili*. Sie kommt auf bis zu 80.000 Scoville.

- Die *Habanero*-Schote toppt das mit 100.000 bis 350.000 Scoville.

- Schärfer ist nur die Extrem-Peperoni *Bhut Jolokia* mit einer Million Einheiten.

- Zum Vergleich: Handelsübliches *Pfefferspray* liegt bei zwei Millionen Scoville und

- Polizeipfefferspray bei fünf Millionen.

- Reines *Capsaicin* liegt bei maximal 16 Millionen Scoville. Sie müssen also zu einem Milliliter Capsaicin 16.000.000 Milliliter Wasser geben, damit Sie es nicht mehr wahrnehmen können. Das sind umgerechnet etwa 114 Badewannen voll Wasser!

Wie wichtig eine solche Bestimmung der Schärfe ist, soll an einem Urlaubsbericht erläutert werden:

Der Protagonist reist häufig nach Amerika. Kürzlich wurde ihm dort die Ehre zuteil, als Ersatzpunktrichter bei einem Chili-Kochwettbewerb zu fungieren. Der ursprüngliche Punktrichter war kurzfristig erkrankt und er stand gerade in der Nähe des Punktrichtertisches herum und erkundigte sich nach dem Bierstand, als die Nachricht über seine Erkrankung eintraf.

Die beiden anderen Punktrichter (beide gebürtige Texaner) versicherten, dass die zu testenden Chilis nicht allzu scharf sein würden.
Außerdem versprachen sie Freibier während des ganzen Wettbewerbes und er dachte sich: PRIMA, LOS GEHT`S!

Hier sind die Bewertungskarten des Wettbewerbes im Originalton:

Chili Nr 1: Mike`s Maniac Mobster Monster Chili
Richter1: „Etwas zu tomatenbetont; amüsanter Kick „
Richter2: "Angenehmes, geschmeidiges Tomaten-aroma. Sehr mild.“
Unser Reisender: „Ach du Scheiße! Was ist das für Zeug!? Damit kann man getrocknete Farbe von der Autobahn lösen!! Er brauchte zwei Bier, um die Flammen zu löschen; und hoffte, das war das Übelste. Diese Texaner sind echt bescheuert!“

Chili Nr 2: Arthur`s Nachbrenner Chili
Richter 1: „Rauchig, mit einer Note von Speck. Leichte Peperonibetonung“
Richter 2: „Aufregendes Grill Aroma, braucht mehr Peperonis, um ernst genommen zu werden. „
Unser Reisender: „Schließt dieses Zeug vor den Kindern weg! Ich weiß nicht, was ich außer Schmerzen hier noch schmecken könnte.“
Zwei Leute wollten erste Hilfe leisten und schleppten mehr Bier ran als sie den Gesichtsausdruck sahen.

Chili Nr 3: Fred`s berühmtes "Brennt die Hütte nieder"-Chili

Richter 1: „Excellentes Feuerwehrchili! Mordskick! Bräuchte mehr Bohnen."

Richter 2: „Ein bohnenloses Chili, ein wenig salzig, gute Dosierung roter Pfefferschoten."

Unser Reisender: „Ruft den Katastrophenschutz! Ich habe ein Uranleck gefunden. Meine Nase fühlt sich an, als hätte ich Rohrfrei geschnieft. Inzwischen weiß jeder was zu tun ist: bringt mir mehr Bier, bevor ich zünde!!"

Die Barfrau hat ihm auf den Rücken geklopft; jetzt hängt das Rückgrat vorne am Bauch. Langsam kriegt er eine Gesichtslähmung von dem ganzen Bier.

Chili Nr. 4: Bubba`s Black Magic

Richter 1: „Chili mit schwarzen Bohnen und fast ungewürzt. Enttäuschend."

Richter 2: „Ein Touch von Limonen in den schwarzen Bohnen. Gute Beilage für Fisch und andere milde Gerichte, aber eigentlich kein richtiges Chili".

Unser Reisender: „Irgendetwas ist über meine Zunge gekratzt, aber ich konnte nichts schmecken. Ist es möglich einen Tester auszubrennen? Sally, die Barfrau stand hinter mir mit Biernachschub; die hässliche Schlampe fängt langsam an HEIß auszusehen; genau wie dieser radioaktive Müll, den ich hier esse. Kann Chili ein Aphrodisiakum sein?"

Chili Nr. 5: Lindas legaler Lippenentferner
Richter 1: „Fleischiges, starkes Chili. Frisch gemahlener Chayennepfeffer fügt einen bemerkenswerten Kick hinzu. Sehr beeindruckend."
Richter 2: „Hackfleischchili, könnte mehr Tomaten vertragen. Ich muß zugeben, daß der Chayennepfeffer einen bemerkenswerten Eindruck hinterläßt."
Unser Reisender: „Meine Ohren klingeln, Schweiß läuft in Bächen meine Stirn hinab und ich kann nicht mehr klar sehen. Musste furzen und vier Leute hinter mir mussten vom Sanitäter behandelt werden. Die Köchin schien beleidigt zu sein, als ich ihr erklärte, daß ich von Ihrem Zeug einen Hirnschaden erlitten habe. Sally goß Bier direkt aus dem Pitcher auf meine Zunge und stoppte so die Blutung. Ich frage mich, ob meine Lippen abgebrannt sind."

Chili Nr 6: Veras sehr vegetarisches Chili
Richter 1: „Dünnes aber dennoch kräftiges Chili. Gute Balance zwischen Chilis und anderen Gewürzen."
Richter 2: „Das beste bis jetzt! Aggressiver Einsatz von Chilischoten, Zwiebeln und Knoblauch. Superb!"
Unser armer Reisender: „Meine Därme sind nun ein gerades Rohr voller gasiger, schwefeliger Flammen. Ich habe mich vollgeschissen als ich furzen musste und ich fürchte es wird sich durch Hose und Stuhl fressen. Niemand traut sich mehr hinter mir zu stehen. Kann meine Lippen nicht mehr fühlen. Ich habe das dringende Bedürfnis, mir den Hintern mit einem großen Schneeball abzuwischen. „

Chili Nr 7: Susannes "Schreiende-Sensation"-Chili
Richter 1: „Ein moderates Chili mit zu großer Betonung auf Dosenpeperoni."
Richter 2: „Ahem, schmeckt als hätte der Koch tatsächlich im letzten Moment eine Dose Peperoni reingeworfen. Ich mache mir Sorgen um Richter Nr. 3. Er scheint sich ein wenig unwohl zu fühlen und flucht völlig unkontrolliert."
Unser Reisender: „Ihr könnt eine Granate in meinen Mund stecken und den Bolzen ziehen; ich würde nicht einen Mucks fühlen. Auf einem Auge sehe ich gar nichts mehr und die Welt hört sich wie ein großer rauschender Wasserfall an. Mein Hemd ist voller Chili, das mir unbemerkt aus dem Mund getropft ist und meine Hose ist voll mit lavaartigem Schiss und passt damit hervorragend zu meinem Hemd. Wenigstens werden sie bei der Autopsie schell erfahren, was mich getötet hat. Habe beschlossen das Atmen einzustellen, es ist einfach zu schmerzvoll. Was soll`s, ich bekomme eh keinen Sauerstoff mehr. Wenn ich Luft brauche, werde ich sie einfach durch dieses große Loch in meinem Bauch einsaugen."

Chili Nr. 8: Helenas Mount Saint Chili
Richter 1: „Ein perfekter Ausklang; ein ausgewogenes Chili, pikant und für jeden geeignet. Nicht zu wuchtig, aber würzig genug, um auf seine Existenz hinzuweisen".
Richter 2: „Dieser letzte Bewerber ist ein gut balanciertes Chili, weder zu mild noch zu scharf. Bedauerlich nur, dass das meiste davon verloren ging, als Richter Nr. 3 ohnmächtig vom Stuhl fiel und dabei den Topf über sich ausleerte. Bin mir nicht
sicher, ob er durchkommt. Armer Kerl; ich frage mich, wie er auf ein richtig scharfes Chili reagiert hätte."

Stundenkilometer – ganz schön langsam !
Viele Maßeinheiten werden im Alltag gerne auch umgangssprachlich verwendet. Die Aussage „mein Auto hat eine Höchstgeschwindigkeit von 200 Stundenkilometern" hört man oft und soll beeindrucken.

Aber leider macht diese Angabe kaum Sinn. „Stundenkilometer" sind, mathematisch ausgedrückt h x km, das ist mit Zahlen befüllt 200 Stunden für einen Kilometer! Wer will denn dieses Fahrzeug?

Man möchte man aber angeben, dass das Fahrzeug 200 Kilometer in einer Stunde schafft / schnell ist, also Km/h – das entspricht eben 200 Kilometer pro Stunde!

In Weine liegt die Wahrheit – das Oechsle!

Christian Ferdinand Oechsle war ein deutscher Erfinder, Mechaniker und Goldschmied und lebte Eine des 18. Jahrhunderts in der Nähe von Buhlbach.

Bekanntgeworden ist er durch die Erfindung einer Mostwaage, mit der die spezifische Dichte im frisch gepressten Traubensaft gemessen werden kann.

Zwar wurden ähnlich Waagen bereits früher erfunden, aber Oechsles Theorie über Messung des Zuckergehalts im Most als Indikator für die Entwicklung der Qualität des Wspäteren Weins wurde angenommen und führte dazu, dass Oechsle eine Massenproduktion von Mostwaagen begann und sich das Grad Oechsle endgültig durchsetzte.

Vorbereitung
der Messung

Technisch gesehen ist eine Mostwaage ein Aräometer.
Als Aräometer bezeichnet man ein Messgerät zur
Bestimmung der Dichte oder des spezifischen
Gewichts von Flüssigkeiten.
Es besteht aus einem Glaskörper mit Skala. Dieser
Glaskörper taucht wegen des hydrostatischen
Auftriebs in Flüssigkeiten verschiedener Dichte
unterschiedlich tief ein. Die Skale ermöglicht so eine
Ablesung der Dichte.

In Deutschland gibt es eine offizielle „Tabelle zur
Ermittlung des natürlichen Alkoholgehalts in
Volumenprozent aus dem Oechslegrad".

Das Grad Oechsle wird abgekürzt °Oechsle oder °Oe

Temperatur

Windchill

Sie kennen das? Es ist so 8°C „warm", aber Sie frieren, als wäre es deutlich kälter? Aber es gibt auch Menschen, die im Winter mit freiem Oberkörper im Liegestuhl in der Sonne im Schnee sitzen bei leichten Frostgraden – und nicht frieren!

Der Grund ist der Wind; der Frier-Effekt wird „windchill" genannt – also die Abkühlung und das Frösteln verursacht durch den Wind. Einen gleichen Effekt kennt man, wenn bei sommerlichen Temperaturen aus dem Schwimmbad steigt und der Wind trotz Hitze auf der nassen Haut zur Gänsehaut führt.

Geht kein Wind, hält man es auch bei Frost gut in der Sonne aus und fröstelt oder friert nicht.

Der Windchill -Faktor beschreibt den Unterschied zwischen der echten, gemessenen Lufttemperatur und der gefühlten Temperatur in Abhängigkeit von der Windgeschwindigkeit. Von Windchill spricht man bei Temperaturen unterhalb von ca. 10 °C.

Der Windchill-Effekt wird durch die Verdunstung hautnaher, relativ warmer Luft hervorgerufen. Die für die Verdunstung notwendige Verdampfungsenergie wird dabei durch Wärmeleitung aus der Körperoberfläche abgezogen und kühlt diese dementsprechend ab.

Der Wind hat daher die Wirkung, die Angleichung der Oberflächentemperatur des Körpers mit der Umgebungstemperatur der Luft zu beschleunigen, was Menschen als kühlend empfinden.

Während der Windchill vornehmlich für Temperaturen unterhalb der Behaglichkeit angewendet wird, ist für Temperaturen darüber der Hitzeindex aussagekräftiger.

Du denkst, es sei kalt?

Alaska wird oft bezeichnet als „eiskalter US-Staat mit Überraschungen" und ist der bei weitem größte Staat der USA und liegt zwischen dem Pazifik und dem Arktischen Meer weit oberhalb der restlichen US-Landmasse. So weit im Norden und (fast) in Sichtweite des Polarkreises haben sich die Menschen an das Winterwetter gewöhnt:

- + 10 °C: Die Bewohner von Mietwohnungen in Anchorage drehen die Heizung ab. Die Alaskaner pflanzen Blumen.
- + 5 °C: Die Alaskaner nehmen ein Sonnenbad, falls die Sonne noch über den Horizont steigt.
- + 2 °C: Italienische Autos springen nicht mehr an.
- 0° C: Destilliertes Wasser gefriert.
- 1 °C: Der Atem wird sichtbar. Zeit, einen Mittelmeerurlaub zu planen. Die Alaskaner essen Eis und trinken kaltes Bier.
- - 4 °C: Die Katze will mit ins Bett.
- - 10 °C: Zeit, einen Afrikaurlaub zu planen. Die Alaskaner gehen zum Schwimmen.
- - 12 °C: Zu kalt zum Schneien.
- - 15 °C: Amerikanische Autos springen nicht mehr an.
- - 18 °C: Die Hausbesitzer von Juneau drehen die Heizung auf.
- - 20 °C: Der Atem wird hörbar.

- - 22 °C: Französische Autos springen nicht mehr an. Zu kalt zum Schlittschuhlaufen.
- - 23 °C: Politiker beginnen, die Obdachlosen zu bemitleiden.
- - 24 °C: Deutsche Autos springen nicht mehr an.
- - 27 °C: Aus dem Atem kann Baumaterial für Iglus geschnitten werden.
- - 29 °C: Die Katze will unter den Schlafanzug.
- - 30 °C: Japanische Autos springen nicht mehr an. Der Alaskaner flucht und holt den Hundeschlitten.
- - 31 °C: Zu kalt zum Küssen, die Lippen frieren zusammen. Alaskas Footballmannschaft beginnt mit dem Training für die Frühjahrsmeisterschaft.
- - 35 °C: Zeit, ein langes heißes Bad zu planen. Die Alaskaner schaufeln Schnee vom Dach.
- - 39 °C: Quecksilber gefriert. Zu kalt zum Denken. Die Alaskaner schließen den obersten Hemdknopf.
- - 40 °C: Das Auto will mit ins Bett. Die Alaskaner ziehen einen Pullover an.
- - 45 °C: Die Alaskaner schließen das Klofenster.
- - 50 °C: Die Seelöwen verlassen Grönland. Die Alaskaner tauschen die Fingerhandschuhe gegen Fäustlinge.

- - 70 °C: Die Eisbären verlassen den Nordpol. An der Universität von Alaska Fairbanks wird ein Langlaufausflug organisiert.
- - 75 °C: Der Weihnachtsmann verlässt den Polarkreis. Die Alaskaner rollen die Ohrenklappen der Mützen runter.
- - 250 °C: Alles gefriert, sogar Alkohol. Der Alaskaner ist sauer.
- - 268 °C: Helium wird flüssig.
- - 270 °C: Die Hölle friert ein.
- - 273,15 °C: Absoluter Nullpunkt. Keine Bewegung der Elementarteilchen. Die Alaskaner geben zu: "Ja, es ist kühl heute, gib mir noch einen Schnaps (zum Lutschen) ..."

Länge und Entfernung

Wie groß ist ein Donutloch?

Für alle, die sich schon immer gefragt haben, wie groß das Loch eines Donuts ist und wie sich die Größe eines Donut-Lochs im Laufe der Zeit verändert hat, wurden diese Daten überraschenderweise dokumentiert, wie auf dem historischen Bild unten zu sehen ist.

Innerhalb von 21 Jahren hat sich das Loch in der Mitte eines Donuts von 1 ½ Zoll auf ⅜ Zoll im Durchmesser verringert.

Ein Diagramm mit diesen Informationen ist zwar etwas seltsam, aber niemand von uns wird sich wahrscheinlich über diese Verkleinerung beschweren, denn weniger Donut-Loch bedeutet mehr

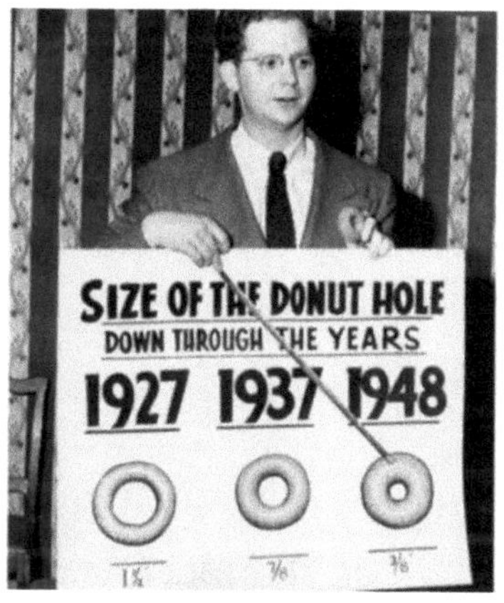

Donut. Es ist ziemlich wahrscheinlich, dass die Donut-Form von 1927 wirklich zum Eintauchen in ein Getränk gedacht war und daher ein größeres Donut-Loch hat, damit die Leute ihre Donuts leichter halten und eintunken können.

Das chinesische Maßband

Eine (wahre) Geschichte aus dem Internet:

„Diese beiden Maßbänder sehen harmlos aus, oder?! Das gelbe gehört meiner Kollegin Ewgenia, und das weiße habe ich bekommen, als ich die Rezeptionistin bei der Arbeit nach meinem eigenen Maßband gefragt habe.

Sehen Sie, ich muss beruflich viele Kleidungsstücke ausmessen (sowohl hier in Shanghai als auch in Portland). Dies alles geschah letzten Mittwoch, als ich einen Prototyp von einer unserer Fabriken erhielt. Ich musste das Kleidungsstück ausmessen, um sicherzustellen, dass es unseren Spezifikationen entsprach, also fragte ich Ewgenia, ob ich ihr Maßband ausleihen könnte.

Ich maß ein Kleidungsstück – aber war von den Ergebnissen verwirrt. Das konnte nicht stimmen! Etwas musste mit dem Maßband falsch sein. Ich fragte nach einem anderen Maßband.

Tatsächlich hatten sie eines und ich bekam es für meinen Schreibtisch. Nun, ich habe wieder mein Kleidungsstück gemessen, aber mit meinem neuen Maßband. Ich begann mit der Brust des Kleidungsstücks, die ich bereits zuvor gemessen hatte, hielt es aber für eine gute Stelle, um es einfach noch einmal zu überprüfen. Das Maß, das ich vorher hatte, war 46 Zoll, aber jetzt, als ich maß, bekam ich 42 Zoll ... wie konnte ich um 4 Zoll daneben sein? Es ist nicht möglich. Dann habe ich genauer hingeschaut ... ."

Tatsächlich hat China eine eigene Definition des „Inch". Hier einige facts:

- Ein Meter entspricht 30 chinesischen Zoll
- ein amerikanischen Zoll entspricht 0,762 chinesischer Zoll
- Es ist ein chinesisches Symbol: 英寸
- Es ist Pinyin: yīng cùn

Geschichte:
Das Cun (Chinesisch: 寸; Pinyin: cùn; Wade-Giles: ts'un) ist eine traditionelle chinesische Längeneinheit.

Sein traditionelles Maß ist die Breite des Daumens einer Person am Knöchel, während die Breite der beiden Zeigefinger 1,5 Cun und die Breite aller Finger nebeneinander drei Cun beträgt. In diesem Sinne wird es weiterhin verwendet, um Akupunkturpunkte am menschlichen Körper in verschiedenen Anwendungen der traditionellen chinesischen Medizin zu kartieren.

Größenstandards variieren überall. Und asiatische Größen sind nicht weniger verwirrend. Wenn Sie in Asien oder in einem ihrer Online-Shops einkaufen, bekommen Sie sehr häufig Kleidung, die nicht passt; meist einfach zu klein ist.

Einige Länder in Asien haben ihr eigenes Größensystem. Daher ist es wichtig, sich dieser Variationen beim Einkaufen in verschiedenen asiatischen Bekleidungsgeschäften bewusst zu sein. Nachfolgend finden Sie eine allgemeine Übersicht über die Größenbestimmungsmethoden einiger Länder.

Asiatische Größen fallen im Vergleich zu US- oder UK-Größen tendenziell kleiner aus. Sie variieren in der Regel von Land zu Land, aber die gängigsten Größen stammen aus China, Japan und Korea.

China verwendet zwei verschiedene Größensysteme, die verschiedene Körperteile messen.

Eine US-Größe Medium ist beispielsweise eine Größe von 88-90 oder 165-170 in China.

Japan verwendet das Größensystem mit Buchstaben (XS-XL), das tendenziell kleiner ausfällt als US- oder UK-Größen.

Das Land verwendet auch zwei nummerierte Größensysteme. Zum Beispiel entspricht eine Größe 9 oder 38 einer US/UK Small.

Koreanische Kleidung hat ein sehr einfaches Nummernsystem. Eine Größe 55 entspricht einer US-Größe S.

Wenn ein Kleidungsstück in „Freie Größe" oder „Einheitsgröße" ausgeführt wird, empfiehlt sich ein Kauf nicht, wenn die US Größe 4 oder höher benötigt wird.

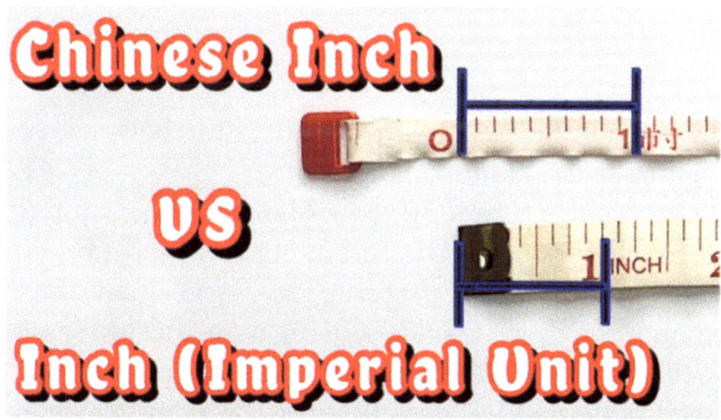

Nach
https://www.blitzresults.com/en/asian-sizes/

Ansprengen - Kaltverschweissen

Endmaße sind Blöcke zum Prüfen und Kalibrieren von Messgeräten und Prüfmitteln oder dienen als sekundäre Normale zum direkten Messen.

Sie bestehen aus Stahl, Hartmetall oder Keramik und verkörpern eine bestimmte Länge mit einer hohen Genauigkeit (Maßverkörperung).

Ein Kasten mit Endmaßen enthält zum Beispiel 122 Einzelmasse in „glatten" Längen.

Benötigt man z.B. ein 70 mm Maß, hat aber nur (je nach Stückelung des Satzes) ein 30 mm Maß und ein 40 mm Maß zur Verfügung, so kann man diese aneinander reihen. Dazu „schiebt man die Maße an: die Stirnflächen der gereinigten Maße werden um 90° versetzt aufeinander gestellt und dann mit leichten Wringbewegungen in Flucht gebracht.

Bei diesem Ansprengen oder Anschieben werden die beiden glatten, ebenen Oberflächen nur durch deren molekulare Anziehungskräfte verbunden. Dazu müssen diese frei von Staub, Fett oder sonstigen Verschmutzungen sein; dazu werden diese etwa mit Tetrachlorethen gereinigt. Das Ansprengen kann verwendet werden, um Gläser zu halten, während diese bearbeitet werden oder zum Aneinanderfügen mehrerer Endmaße.

Das erstaunliche: angesprengte Metalle können durch Kaltverschweißen nach einiger Zeit nicht mehr voneinander getrennt werden. Lässt man unsere Masse einige Tage liegen, können sie nicht mehr getrennt werden!

Als Kaltverschweißen bezeichnet man das Phänomen, vorwiegend metallische Werkstücke gleichen Materials bereits bei Raumtemperatur so miteinander zu verbinden, dass die Verbindung dem „normalen" Verschweißen sehr nahekommt; daher auch die Bezeichnung. Dieses Phänomen wurde in den 1940er-Jahren entdeckt.

Man kann sich vorstellen, dass die Maße, wenn sie bei regelmäßiger Nutzung oft angeschoben werden, durch Abrieb abnutzen. Erstaunlicherweise kennt die Physikalisch Technische Bundesanstalt Endmasse, die statt abzunutzen sogar wachsen und minimal an Länge zunehmen!

US Längeneinheiten

Amerikanische Längeneinheiten zeigen, wie schwierig es ist, darin zu denken – zumindest als nicht-Amerikaner.

Ein Inch ist 25,4 mm lang, zwölf Inch ergeben einen Fuss, drei Fuss sind ein Yard, aber 1760 Fuss sind eine Meile ! Schnelles Umrechnen (im Kopf) ist schwierig!

Einheit	Deutsch	Abk.	Größe	Metrische Größe
inch	Zoll	in		25,4 mm
foot	Fuß	ft	12 inch	30,48 cm
yard	Schritt	yd	3 feet	0,9144 m
mile	Meile	mi,	1760 yard	1,609344 km

Das wird ein Amerikaner kaum zugeben – stattdessen hilft man sich mit Eselsbrücken wie die „5-Tomatoe"-Regel:

„To convert from Mile to feet, remember "5 tomatoes". It sound like 5 – 2 - 8 -0, the amount of feet in a mile ..."

"Um von Meile in Fuß umzurechnen, erinnere dich an "5 Tomaten". Es klingt wie 5 - 2 - 8 -0 (sprich „Five – two –maight – Oh's") , die Anzahl der Füße in einer Meile ..."

Entfernungen – Country units of measurement

Wieder einmal schauen wir nach Amerika. Auch in modernen Zeiten mit Navigationssystemen kommt es gelegentlich vor, Weg und Entfernung erfragen zu müssen. Diese Tabelle soll helfen, die Entfernungsangabe eines „locals", eines Einheimischen zu verstehen:

Country units of measurement

Angabe	Deutsch	Entfernung
Next door	Gleich nebenan	1 – 2 Minuten
Right up the road	Nur ein Stück die Straße hinunter	5 – 10 Minuten
A couple miles	Nur wenige Meilen	10 – 20 Minuten
Not too far	Gar nicht weit	20 – 50 Minuten
A little ways	Ein kurzes Stück Weg	Über eine Stunde
A pretty good drive	Ein nettes Stück zu fahren	2 Stunden +

Viel Spaß auf dem Road-Trip !

Das Smoot

Smoot ist eine nichtstandardgemäße Maßeinheit, die aus einem Spaß einer Studentenverbindung entstanden ist.

Hinter dem Smoot steckt eine (später berühmt gewordene) Persönlichkeit:

Ein Smoot ist die Länge einer Person namens Oliver R. Smoot, der später berühmt wurde, weil er der Vorsitzende des American National Standards Institute und dann der Präsident der Internationalen Organisation für Normung war.

Diese „Maßeinheit" Smoot wurde 1958 erfunden. Smoot war damals 5 Fuß 7 (oder 170 cm) groß. Die Maßeinheit wurde bedingt bekannt, als sich Smoot im Oktober 1958 anlässlich eines Verbindungsgelöbnisses auf die Harvard-Brücke legte und seinen Körper als Maßstab zur Verfügung stellte.

Nun wurde berechnet, dass die Brücke etwa 364,5 Smoots (plus/minus 1 Ohr !) lang ist.

Bis dahin war das vielleicht nur ein Studentenscherz. Aber – mit dem Karriereverlauf Smoots und seiner Position als Vorsitzende des American National Standards Institute und dann der Präsident der Internationalen Organisation für Normung wurde der Vorgang wieder aufgegriffen.

 So verwendet sie Google Earth und Google Calculator als Maßeinheit enthalten, und die Polizei hat Smoots sogar verwendet, um Dinge an Tatorten zu messen, die auf dieser Brücke stattfanden!
Dennoch bleibt es eine der seltsamsten Maßeinheiten, da es sich buchstäblich um eine zufällige Person handelt und die Verwendung dieses Typs zum Messen von Dingen absolut keinen Sinn ergibt.

Nach
https://www.thetoptens.com/list/strangest-units-measurement/

Das Mickey

Eine weitere sehr seltsame Maßeinheit für die Entfernung ist das Mickey.

Die Erklärung ist ziemlich einfach: Es ist die kleinste auflösbare Entfernungseinheit, die eine Computermaus haben kann = wie Dinge auf dem Computer auswählt werden können.

Viele Computer geben an, wie viele Mickeys pro Zoll vorhanden sind, und je mehr Mickeys pro Zoll, desto hochwertiger ist die Maus. Normalerweise gibt es etwa 500 Mickeys pro Zoll, was bedeutet, dass der Abstand ziemlich gering ist, aber andere Computer können bis zu 16.000 Mickeys pro Zoll haben, was verrückt ist, aber eine gute Qualität für einen Computer darstellt.

Der Name Mickey geht auf die berühmte Zeichentrickfigur Mickey Mouse zurück, denn schließlich ist Mickey eine Maus, und in dieser Maßeinheit geht es um - Computermäuse.

Nach
https://www.thetoptens.com/list/strangest-units-measurement/

Flüssigkeiten

Der Füllstrich

Wer ein Restaurant oder eine Kneipe besucht, wird stets auch mindestens ein Getränk konsumieren. Ob Bier, Wein, Wasser oder Limo – als Gast erwarten Sie die in der Getränkekarte angegebene Menge. Weicht die Füllhöhe des Glases aber vom Eichstrich ab, können Sie das Getränk reklamieren.

Füllstrich -Pflicht

Nahezu jedes Glas in der deutschen Gastronomie muss über einen oder mehrere Eichstriche verfügen. Diese korrekt Füllstrich genannte Markierung muss zudem den Nennwert in Zahlen und eine Maßeinheit aufweisen. Auch eine Herstellerkennzeichnung in Form einer Kennziffer müssen Sie entdecken können. Bestellen Sie sich nun 0,5 Liter Bier, können Sie die Füllmenge Ihres Glases am Füllstrich überprüfen.

Es gibt aber auch Ausnahmen. An einem Weinglas darf der Eichstrich beispielsweise fehlen, wenn der Gast eine ganze Flasche geordert hat. Bestellt er eine Karaffe Wein, so muss diese wiederum einen Füllstrich aufweisen. Kaffee, Tee, Kakao und alkoholhaltige Mischgetränke dürfen ebenfalls in Bechern oder Gläsern ohne Füllstrich ausgeschenkt werden.

Es gibt klare Regelungen, wie ein Füllstrich auszusehen hat und wo er sich befinden darf.

Zunächst müssen sie gut sichtbar und dauerhaft auf das Glas aufgebracht sein. Der Strich muss mindestens 10 Millimeter lang sein und sich waagerecht zur Standfläche des Gefäßes befinden. Bei Gläsern mit einem Fassungsvermögen von mehr als 50 Millilitern muss der Strich wenigstens 10 Millimeter vom oberen Rand entfernt sein.
Ist das Gefäß für schäumende Getränke vorgesehen, muss dieser Abstand mindestens 20 Millimeter betragen. Sofern die Füllstandmengen gut zu unterscheiden sind, dürfen bis zu drei Füllstriche auf einem Glas aufgebracht sein.

Jeder Bierkenner freut sich über eine schöne Schaumkrone auf dem Bier. Hat sich diese Blume aber gesetzt, ist das Glas meist deutlich leerer als vorher. Für die Mengenangabe auf der Getränkekarte kommt es aber auf die tatsächliche Menge Bier an. Die Schaumkrone zählt als solche nicht dazu. Mündet die Schaumkrone genau am Füllstrich, wissen Sie gleich, dass der Wirt etwas knausrig war. Sie können verlangen, dass die fehlende Menge Bier nachgeschenkt wird oder das Glas verweigern. Gleiches gilt, wenn der Füllstand des Glases nach dem Setzen der Schaumkrone unter dem Füllstrich endet.

Auch bei anderen Getränken sollten Sie genau hinschauen. Sorgen nur die Eiswürfel oder eine üppige Zitronenscheibe für einen ausreichenden Füllstand, können Sie das Getränk zurückgehen lassen.

Ob Gläser in der Gastronomie ordnungsgemäß befüllt sind, wird übrigens nicht vom Eichamt überwacht. Es erfolgt noch nicht einmal eine Eichung von Gläsern. Dafür, dass der Füllstrich auch tatsächlich der angegebenen Füllmenge entspricht, ist der Hersteller verantwortlich. Diesen können Sie über die Kennnummer des Herstellers herausfinden

Hätten Sie es gewusst? Mineralwasser darf in der Gastronomie nur in Flaschen serviert werden. Entweder muss der Kellner eine neue Flasche an Ihrem Tisch öffnen und Ihnen einschenken. Oder Sie ordern ohnehin gleich eine ganze Flasche. Der Grund liegt nicht etwa an Eichstrichen oder Füllmengen. Vielmehr ergibt sich die Verpflichtung aus der Mineral- und Tafelwasserverordnung. Die entsprechende Vorschrift soll verhindern, dass Gästen statt des teureren Mineralwassers ein günstiges Tafelwasser oder Leitungswasser untergeschoben wird. Natürlich können Sie auch Leitungswasser bestellen. Dieses darf in einem Glas serviert werden. Müssen Sie dieses Getränk bezahlen, sollten Sie wieder auf die Füllmenge achten.

Lust auf eine Magnum Flasche Sekt?

Haben Sie sich schon einmal gefragt, woher der allgemein bekannte Begriff „Magnum-Flasche" stammt?

Dieser hat seinen Ursprung in namentlich bemerkenswerten amerikanischen Größenbegriffen für (Schaum)Weinflaschen:

Amerikanische (Schaum-)Weinflaschen:

Name	Deutsch	Menge	Liter
magnum	Magnum		1,5
jeroboam	Jerobeam	2 magnum	3
rehoboam	Rehabeam	3 magnum	4,5
methuselah	Methusalem	4 magnum	6
shalmanazar	Schalmanasar		9
balthazar	Balthasa	8 magnum	12
nebuchadnezza	Nebukadnezar	10 magnum	15

Zumindest wissen wir nun, woher die Magnum-Flasche Sekt oder Champagner ihren Namen hat - oder hat jemand Lust auf eine Nebudkadnezar?

Drehmoment

Ugga Dugga

Wir schauen noch einmal nach Amerika,: tief ins Hinterland. Hier sind die Rednecks zu Hause und mit ihnen eine besondere Masseinheit für Drehmoment:
Ja, Uugga Dugga ist immer noch gut bekannt und immer noch im Einsatz in einigen Orten in den USA.

Es ist ein Überbleibsel aus einer längst vergangenen Zeit der leicht zu reparierenden oder leicht zu wartenden Pick-up-Trucks. „Einfach" beschreibt die verwendete Technik, nicht die Reparatur selbst.

Was ist „Ugga Dugga"?:
Maßeinheit für die Zeit und in der Regel für das Drehmoment. Häufig zu finden in Autohäusern, Werkstätten und bei Redneck-Traktorwettbewerben.

Ugga Duggas können unendlich gezählt werden, aber es wird allgemein davon ausgegangen, dass 5 Ugga Duggas das Maximum für das Drehmoment sind, während drei Ugga Duggas für die meisten Projekte ausreichen.

Um ein Ugga Dugga zu zählen, muss man eine Baseballkappe falsch herum, mindestens einen gebrochenen Knöchel und ein Bier in Reichweite haben.

Dann drückt man den Abzug der Schlagpistole und zählt so: "ein Ugga Dugga, zwei Ugga Dugga, dreie Ugga Dugga..usw.".

Dabei muss mit dem typisch südlichen Redneck-Drawl gesprochen werden – nicht vergessen werden darf das Ausspucken des Saftes aus der Kautabaks,, sonst reichen die Ugga Duggas nicht aus.

Nach
https://www.urbandictionary.com/

Mengenangaben

Spaghetti – Nudeln machen glücklich

Lehren und Masse findet man schon immer und überall.

Manche sind unbemerkt. Haben Sie sich schon einmal gefragt, wozu das Loch im Spaghetti Löffel ist?
Ja, es hat tatsächlich eine Funktion als Messgerät:

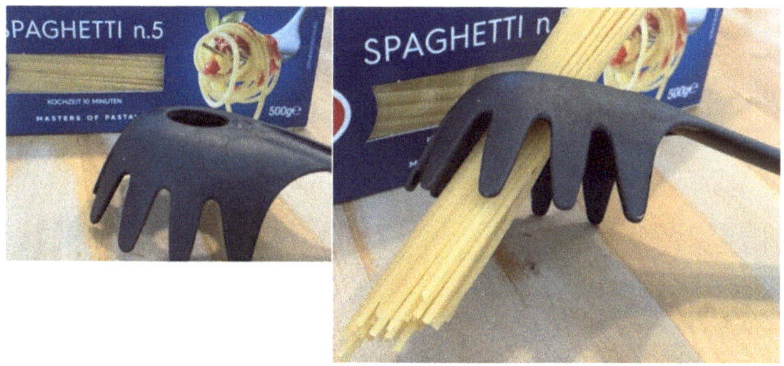

Es ist einfach nur eine Dosierungshilfe: Denn genau eine Portion (trockene ☺) Spaghetti passen in das Loch.
Guten Appetit!

Zeit

Die Bart-Sekunde

Eine der absolut seltsamsten und einfallsreichsten Maßeinheiten ist die Bart-Sekunde. Die Bart-Sekunde ist von der bekannten Maßeinheit „Lichtjahr" inspiriert, aber sie eignet sich viel besser für extrem kurze Entfernungen (also wirklich winzige), während das Lichtjahr für riesige Entfernungen gedacht ist.

Man fragt sich, was denn nun eine Bart-Sekunde ist. Es ist genau das, wonach es klingt: die durchschnittliche Länge, die ein Bart in einer Sekunde wächst. Die meisten Menschen und Wissenschaftler beschreiben 1 Bart-Sekunde als 10 Nanometer, was einem Milliardstel Meter entspricht (extrem winzig), obwohl andere meinen, es seien eher 5 Nanometer.

Nach
https://www.thetoptens.com/list/strangest-units-measurement/

Zahlenspielereien

Ein VIERtel ist mehr als ein DRITTel

… schließlich ist VIER mehr als DREI, oder?

Eine der anschaulichsten Rechenschwächen ereignete sich Anfang der 1980er Jahre in den USA, als die Restaurantkette A&W einen neuen Hamburger auf den Markt brachte, der dem Quarter Pounder (= Viertelpfünder) von McDonald's Konkurrenz machen sollte.

Mit einem Drittel Pfund Rindfleisch (ein amerikanisches Pfund hat 455 Gramm, der Burger also etwa 150 Gramm) hatte der A&W-Burger mehr Fleisch als der Quarter Pounder (der mit etwa 115 Gramm angeboten wurde); in Geschmackstests bevorzugten die Kunden den A&W-Burger.

Und er war preiswerter. In einer aufwändigen A&W-Fernseh- und Radiowerbekampagne wurden diese Vorteile angepriesen. Doch anstatt sich auf das großartige Preis-Leistungs-Verhältnis zu freuen, floppte der Burger.

Erst als das Unternehmen Kundenbefragungen durchführte, wurde klar, warum. Die Kunden verstanden den Wert eines Drittels nicht und, glaubten sie, dass ihnen zu viel berechnet wurde.

Warum, sollte für ein Drittel eines Pfundes Fleisch den gleichen Betrag zahlen wie für ein Viertelpfund Fleisch bei McDonald's. Die "4" in "¼", größer als die "3" in "⅓", führte in die Irre.

Nach
https://www.snopes.com/news/2022/06/17/third-pound-burger-fractions/

Darf es etwas mehr oder weniger sein?

Im Dezember 2022 veröffentlichte das BIPM , das ist das Internationales Büro für Maß und Gewicht (Bureau International des Poids et Mesures) eine Neuerung zu den SI-Einheiten.

Das BIPM ist eine Internationale Organisation mit der Aufgabe, ein weltweit einheitliches und eindeutiges System von Maßen auf Basis des Internationalen Einheitensystems zur Verfügung zu stellen.

Die SI-Präfixe (das sind vorangestellte Multiplikatoren wie Kilo- beim Kilometer, milli- bei Millimeter, Mega- bei Megahertz usw) wurden von 20 auf 24 erweitert, indem

- Ronna
- Ronto
- Quetta
- Quecto

hinzugefügt wurden. Der technologische Fortschritt treibt die Aktualisierung des SI weiter voran. Der Bedarf in allen Bereichen der Wissenschaft, Technologie, Technik und Mathematik ist wichtiger denn je. Es wurde festgestellt, dass die bisherige Reihe von SI-Präfixen den Bedürfnissen der wissenschaftlichen Gemeinschaft nicht gerecht wurde, insbesondere der Datenwissenschaft, die riesige digitale Informationsmengen ausdrücken muss.

Hier die neuen Präfixe in der Übersicht:

Prefix	Symbol	Faktor
quetta	Q	10^{30}
ronna	R	10^{27}
ronto	R	10^{-27}
quecto	q	10^{-20}

Es ist gar nicht so ungewöhnlich, dass solche Vorsilben verändert oder ergänzt werden – im Laufe der Zeit gab es immer wieder solche Anpassungen – anfangs von der Öffentlichkeit unbemerkt – später nicht wegzudenken (das „Mega" oder „Giga" war in den 80er oder 90er Jahre völlig unüblich – heute spricht jedermann von den Megaherz seines Computers oder Gigabytes Speicherplatz.

Im Jahr 1795 wurden acht ursprüngliche SI-Präfixe offiziell eingeführt: Deca, Hekto, Kilo, Myria, Deci, Centi, Milli und Myrio, abgeleitet von griechischen und lateinischen Zahlen. Anfänglich wurden alle Präfixe durch Kleinbuchstaben dargestellt.

Fast hundert Jahre später, im Jahr 1889, genehmigt die erste Generalkonferenz für Maße und Gewichte (CGPM) die 8 Präfixe zur Verwendung.

Der technische Fortschritt nahm Fahrt auf, und im Jahr 1960 wurden zwei Präfixe überflüssig: myria und myrio.
Sechs Präfixe wurden hinzugefügt. Drei für die Bildung von Vielfachen: mega, giga und tera. Drei für die Bildung von Submultiplikatoren: micro, nano und pico.

Nur wenig später, im Jahr 1964 musste erneut angepasst werden: Es wurden zwei Präfixe für die Bildung von Teilmengen hinzugefügt: femto und atto. Dies führte zu einer unausgewogenen Situation, in der es mehr Präfixe für kleine Mengen gab.

Dann, im Jahr 1975 wurden zwei weitere Präfixe zur Bildung von Vielfachen hinzugefügt: peta und exa.

1991: weitere vier Präfixe wurden hinzugefügt. Zwei für die Bildung von Vielfachen: zetta und yotta. Zwei für die Bildung von Submultiplikatoren: zepto und yocto.

Schliesslich, vor wenigen Monaten im Jahr 2022 wurden viere weitere Präfixe wurden hinzugefügt. Zwei zur Bildung von Vielfachen: ronna und quetta. Zwei zur Bildung von Submultiplikatoren: ronto und quecto.

Der Pizza-Deal

Neulich, auf einer Geschäftsreise ist mir folgendes passiert:

Zum Abendessen kehrte ich in ein italienisches Restaurant, einer Osteria, ein.

Ich wollte gerne eine Pizza essen. Die Karte bot zwei Größen an: Pizzen mit 20 cm Durchmesser und mit 30 cm Durchmesser.

Ich hatte Hunger und bestellte die große Pizza mit 30 Zentimetern Durchmesser.

Nach einer Weile wurde Pizza serviert: Man entschuldigte sich, dass auf Grund des Betriebs die vorbereiteten 30 cm Böden ausgegangen waren und servierte dafür – mir wurde sofort zugesichert für den gleichen Preis – zwei Pizzen mit 20 cm Durchmesser.

Immerhin 10 cm mehr Pizza fürs gleiche Geld !?

Aber nicht mit einem Metrologen: ich bat die Serviererin um einen Moment Aufmerksamkeit:

Die Fläche eines Kreises errechnet sich nach der Formel

$$A = \pi \times r^2$$

Mit A = Fläche
Π = 3,14159
R = Radius

Nun rechnete ich vor:

Die (Pizza-)Fläche der großen Pizza ist
3,14159 x 15² = **706 cm²**

Die (Pizza-)Fläche der kleinen 20cm Pizza ist
3,14159 x 10² = 314 cm²

Da zwei 20cm Pizzen serviert wurden, addierte ich die beiden Flächen zur Gesamtfläche von **628 cm²**

Der Deal „10 cm Pizza mehr" war kein gutes Geschäft für mich als Gast.
Aber ein paar freundlichen Worte und Tischgetränke können vieles wieder in Ordnung bringen..... .

Literaturverzeichnis

Viele der verwendeten Quellen sind im Text als Fund im Internet mit dem jeweiligen Link gekennzeichnet.

Aber wurden natürlich auch Fotos oder kleine Abschnitte aus meinen anderen Büchern entnommen, die ich hiermit gerne nenne:

Peter Jäger
„Messmittelmanagement und Kalibrierung"
Books on Demand
ISBN 9783750434189

Peter Jäger
„Kompendium Kalibrierung"
Books on Demand
ISBN 978-3750434189

Peter Jäger
„Messmittelmanagement und Kalibrierung"
Books on Demand
ISBN 978-3750432710

Quellenverzeichnis

Peter Jäger
„Anwenderwissen Drehmomentschlüssel"
Books on Demand
ISBN 978-3751901253

Peter Jäger
„Anwenderwissen Kalibrierschein und Kalibriermarke"
Books on Demand
ISBN 978-3751995061

Weitere Werke des Autors

Peter Jäger
„Feldposten 27848: Das Tagebuch des Obergefreiten Paul
Velte aus Remscheid"
Books on Demand
ISBN 978-3738624106

Dieses Buch basiert auf einem Tagebuch, geführt von einem
22jährigen Soldaten, der im 2. Weltkrieg während des
Russlandfeldzuges ums Leben kam. Das Tagebuch
dokumentiert einen kleinen Abschnitt des zweiten
Weltkrieges aus einem anderen Blickwinkel als die
Darstellungen in den meisten Geschichtsbüchern - es ist der
Blickwinkel eines Obergefreiten mit all den Sorgen und
Nöten, die Mannschaften und Unteroffiziere hatten. Die
Beschäftigung mit dem Krieg und dem Tod von Kameraden
steht zunächst nicht im Vordergrund. Wird dieses Thema
jedoch angeschnitten, wie z.B. im Abschnitt "Am Rande des
Sowjet-Feldzuges", ist zu erkennen, wie intensiv man sich
doch mit dieser Thematik auseinandersetzte. Bemerkenswert
ist auch die Akkuratesse, mit der nach dem Tod des OGefr
Velte der Nachlass des Gefallenen bis hin zum
angebrochenen Päckchen Zigaretten aufgelistet und an die
Angehörigen überstellt wurde.

Weitere Werke des Autors

Peter Jäger
„Emil Lux: Das Kriegstagebuch des Remscheider
Werkzeuggroßhändlers und OBI-Mitgründers"
Books on Demand
ISBN 978-3743101371

Anfang 1941: Emil Lux aus Remscheid muss - wie viele andere junge Männer auch - in die Wirren des zweiten Weltkriegs ziehen. Sein Einsatz führt ihn nach Russland. Auf dem Weg dorthin erlebt er viele Entbehrungen und die Schrecken des Krieges in ihrer vollen Härte und Bandbreite. Dieses Buch über den Remscheider Werkzeuggroßhändler und Mitbegründer der OBI-Baumarktkette entstand, nachdem erst im Jahr 2016 das in Stenografie verfasste Kriegstagebuch in Klartext umgesetzt wurde. Nachdem der Weg von Emil Lux im frühen 2. Weltkrieg nun als spannendes Manuskript nacherlebbar war, kam schnell die Idee auf, den Inhalt auch Familie und Freunden als Andenken an den berühmten Remscheider zugänglich zu machen.

Schulungen und Seminare:

Die Metrologie-Bücher sind auch Grundlage und Lehrgangsunterlage für entsprechende Seminare des Autors.

Diese können auf Anfrage gewerblich und privat beim Arbeitgeber als Veranstalter des Autors gebucht werden.

Anfragen gerne unter

p.jaeger.metrologie@web.de